Die Sterne

Der Mond

Was macht die Sonne in der Nacht?
Himmel und Erde, Sommer und Winter, Tag und Nacht
SPIELEN & LERNEN
Band 14
Velber Verlag

Konzept und Text: Astrid Hille & Dina Schäfer
Illustrationen: Barbara Stachuletz
Layout: Anja Schmidt
Repro: Baun PrePress, Fellbach
Druck und Bindung: Proost, Belgien
ISBN-13: 978-3-86613-530-7
ISBN-10: 3-86613-530-0
velber

SPIELEN & LERNEN

Was macht die Sonne in der Nacht?

Himmel und Erde, Sommer und Winter, Tag und Nacht

Astrid Hille & Dina Schäfer
Barbara Stachuletz

Sonnenbilder

Es regnet. Dicke, dunkle Wolken bedecken den Himmel.
Lina und Oli schauen aus dem Fenster.
„Langweilig“, stöhnt Lina.
Oli nickt.
Mama sitzt am Computer und arbeitet.
Sie hat keine Zeit mit ihnen zu spielen.
„Malt doch eure eigene Sonne“, schlägt sie vor.

Keine schlechte Jdee. Lina holt ihre Buntstifte und Oli ein paar Blätter weißes Papier. Sie setzen sich an den Tisch. Lina fängt sofort an.
Zuerst malt sie ein Haus, dann einen Garten mit Blumen und schließlich eine große gelbe Sonne. Die Sonne bekommt einen dichten Strahlenkranz.
Oli schaut zu.

Lina malt in ihre Sonne jetzt zwei Augen und einen lachenden Mund.
„Du bist ja blöd“, sagt Oli. „So sieht die Sonne doch gar nicht aus!“
„So aber auch nicht!“, sagt Lina und zeigt auf Olis Blatt. Dort ist nur ein dünner gelber Strich zu sehen.
„Jch bin ja noch nicht fertig“, verteidigt sich Oli. „Auf jeden Fall hat die Sonne kein Gesicht.“
„Und warum nicht?“, fragt Lina. „Meine Sonne hat das.“
„Dann hat meine Sonne Beine“, sagt Oli und malt seiner Sonne Beine wie bei einem Strichmännchen.
Lina schüttelt den Kopf. Jetzt bekommt ihre Sonne Arme. Sorgfältig malt sie die Hände und Finger. „Meine Sonne kann mir winken“, sagt sie stolz.
Oli schaut Linas Sonne an.
Dann nimmt er einen dunkelbraunen Stift und malt an den Füßen seiner Sonne weiter.
„Deine Sonne hat ja dreckige Füße“, sagt Lina und lacht.
„Quatsch! Die hat Wanderschuhe an“, erklärt Oli.
„Wieso denn das?“, fragt Lina verblüfft.
„Weil sie den ganzen Tag über den Himmel wandert“, sagt Oli. „Morgens scheint sie ins Wohnzimmer, mittags

ins Kinderzimmer und nachmittags in die Küche.“
„Aber heute scheint sie nicht“, sagt Lina.
„Natürlich nicht“, tönt eine Stimme von der Tür. Es ist Frank, ihr großer Bruder, der immer alles besser weiß. „Heute bleibt die Sonne im Bett und schläft aus. Schließlich haben wir Ferien“, sagt er und gähnt.
Lina schaut aus dem Fenster.
Kann das stimmen?
Es hat aufgehört zu regnen. Eine der dunklen Wolken schiebt sich zur Seite und gibt ein Stück Himmel frei.
Und da – durch den Wolkenspalt scheint plötzlich ein heller Sonnenstrahl.
„Stimmt gar nicht!“, ruft Lina. „Da oben ist die Sonne! Und der einzige Faulpelz, der erst mittags aufsteht, ist Frank.“

Gitta Edelmann

Die Sonne und die Planeten

● Lina und Oli können sich nicht einigen, wie die Sonne aussieht. Was meinst du? Male eine Sonne, so wie du sie dir vorstellst.

● Schon immer haben die Menschen die Sonne beobachtet, Geschichten über sie erzählt und Bilder von ihr gemalt. Sie wussten, wie wichtig die Sonne für die Erde ist und dass alles Leben von ihr abhängt. Lange wussten sie nicht, dass die Sonne ein großer Feuerball ist. Doch Astronomen haben über die Sonne und das Weltall geforscht und können jetzt viel erklären.

● Die Sonne ist ein riesiger heller Stern im unendlichen schwarzen Weltall. Ähnlich wie ein Magnet hat sie eine starke Anziehungskraft. Um sie herum kreisen neun Planeten. Dazu gehört unsere Erde. Den Planeten haben die Menschen Namen gegeben: Merkur, Venus, Erde, Mars, Jupiter, Saturn, Uranus, Neptun, Pluto.

● Die Planeten sind verschieden groß. Pluto ist der Kleinste, Jupiter der Größte. Damit du dir die Größenunterschiede ungefähr vorstellen kannst, suchst du dir verschieden große runde Dinge:

- Pluto könnte ein Pfefferkorn sein,
- Merkur eine Erbse,
- Mars eine kleine Haselnuss.
- Erde und Venus sind etwa gleich groß. Sie könnten eine kleine Murmel sein.
- Uranus und Neptun: große Murmeln.
- Saturn könnte eine Apfelsine und Jupiter eine Pampelmuse sein.
- Und die riesige Sonne: ein Hüpfball.

INFO-BOX

Unvorstellbar groß!

Die Sonne ist 100 Mal größer als die Erde.
Jupiter ist 11 Mal größer als die Erde.
Saturn ist 10 Mal größer als die Erde.
Uranus und Neptun sind 4 Mal größer als die Erde.
Mars ist halb so groß wie die Erde.

Mit Millionenstiefeln

● Versuche, deine Planeten wie auf dem Bild anzuordnen. Zuerst legst du deine Sonne, dann Merkur, Venus und so weiter.

● So kannst du dir die Namen und die Reihenfolge der Planeten besser merken: **M**ein **V**ater **e**rklärt **m**ir **j**eden **S**onntag **u**nsere **n**eun **P**laneten.

● Die Planeten sind sehr weit voneinander entfernt. Damit du es dir ein bisschen vorstellen kannst, probierst du es mit Schritten aus. Ziehe die Millionenstiefel an und jeder Schritt von dir ist zehn Millionen Kilometer groß.
Deine Sonne liegt ganz hinten im Flur.

- Du machst von der Sonne aus sechs große Schritte und legst deine Merkurerbse hin.
- Gehe fünf Schritte weiter, hier ist der Platz für die Venusmurmel.
- Noch vier Schritte und du legst die Erdmurmel ab.
- Acht Schritte weiter bist du vielleicht schon im Treppenhaus oder im Garten. Hier kommt die Mars-Haselnuss hin.
- Um zum Jupiter zu kommen, müsstest du jetzt 60 Schritte gehen. Dann bist du womöglich schon an der nächsten Straßenecke oder beim Bäcker.

Die Planeten sind aber nicht wie auf einer Schnur aufgereiht, sie kreisen auf immer gleichen Umlaufbahnen um die Sonne.

Weltall-Spiel

● Jeder Spieler bekommt einen Teelöffel und ein Gummibärchen. Dann geht die Reise los ins Weltall. Der Gummibärchen-Astronaut legt sich hinten auf die Löffel-Startrampe und wird ins Weltall geschossen.

- Wenn er auf der Sonne landet, schnell weg, hier ist es zu heiß. Du darfst es noch mal probieren.
- Wenn du in der Umlaufbahn vom Merkur landest, gibt es 5 Punkte.
- Die Umlaufbahn der Venus gibt 4 Punkte,
- die Umlaufbahn der Erde 3 Punkte,
- die vom Mars 2 Punkte.
- Triffst du woanders ins Weltall, bekommst du 1 Punkt.
- Einen Extrapunkt gibt es, wenn du auf einem Planeten landest.
- Wer nach vier Runden die meisten Punkte hat, hat gewonnen.

1
2
3
4
5
Sonne
Venus

Die lange Nacht

„Und während die Mondzwerge den Mond ins Bett brachten, zogen die Sonnenzwerge die Sonne hoch an den Himmel und sie schien den ganzen Tag. Ende." Papa schlägt das Buch zu und gibt Fabian einen Kuss. „Schlaf gut", sagt er. Dann macht er das Licht aus und geht aus dem Kinderzimmer. Fabian dreht sich auf die linke Seite. Die Einschlafgeschichte geht ihm nicht aus dem Kopf, obwohl er schon sehr müde ist. Er schließt die Augen. Da – klopft da nicht jemand ans Fenster? Tatsächlich, ein kleines silbernes Männchen hüpft auf der Fensterbank hin und her. Fabian steigt aus dem Bett und öffnet das Fenster.

„Wir brauchen Hilfe!", ruft das Männchen.

„Wer bist du?", fragt Fabian.

„Jch bin ein Mondzwerg, was sonst?"

„Ja, gibt's euch denn wirklich?", Fabian staunt.

„Wer zieht wohl den Mond an den Himmel?", fragt der Mondzwerg. Das weiß Fabian auch nicht so genau.

„Kommst du nun mit und hilfst?", fragt der Mondzwerg ungeduldig.

Eigentlich will Fabian erst wissen, was er überhaupt helfen soll. Doch der Mondzwerg nimmt ihn an die Hand – und schwupp, sind sie an einem fremden Ort. Überall stehen goldene und silberne Zwerge und ziehen an einem goldenen Seil.
„Los, pack mit an!“, rufen sie. „Sonst kriegen wir sie nie hoch!“
„Wen?“, fragt Fabian verblüfft.
„Na, die Sonne. Sie klemmt“, erklärt ein goldener Zwerg. „Wir haben schon die Mondzwerge zu Hilfe geholt, aber das reicht nicht.“
„Und jetzt?“, fragt Fabian.
„Wenn wir es nicht schaffen, bleibt es auf der Erde Nacht.“
„Für immer?“, fragt Fabian. Der Gedanke gefällt ihm nicht. Wenn es dunkel ist, ist er dauernd müde. Aber er kann doch nicht ewig nur schlafen! Draußen spielen kann er im Dunkeln aber auch nicht. Außerdem besucht ihn bestimmt kein Freund, wenn es Nacht ist.

Also packt er kurz entschlossen das Seil und zieht zusammen mit den Sonnen- und Mondzwergen.
„Hau – ruck, hau – ruck!"
Hat sich da nicht was bewegt?
Noch einmal: „Hau – ruck!"
Ja, tatsächlich. Ganz, ganz langsam hebt sich die Sonne.
„Hurra!", schreien die Zwerge. „Fabian hat es geschafft!"
Fabian wird ganz rot. „Wir haben es alle zusammen geschafft", sagt er.
Nochmal rufen alle: „Hurra!"
Dann fasst ein Sonnenzwerg Fabian an der Hand. „Jch bring dich nach

Hause", sagt er – und schwupp, liegt Fabian wieder in seinem Bett. Müde von der Anstrengung schließt er die Augen.

„Guten Morgen!", ruft Mama plötzlich. „Aufstehen! Die Sonne ist schon aufgegangen."
„Jch weiß", murmelt Fabian schlaftrunken. „Jch hab mitgeholfen. Sie hat nämlich geklemmt."
Mama schaut Fabian verwundert an. Sie hat keine Ahnung, wovon er redet. Aber das ist nicht so wichtig. Hauptsache, es ist wieder ganz normal Tag geworden.

Gitta Edelmann

Hell oder dunkel

● Jn Fabians Traum klemmt die Sonne und er hilft den Sonnen- und Mondzwergen, sie hochzuziehen.

• Stell dir mal vor, was wäre, wenn die Sonne nicht aufginge. Der Tag wäre ziemlich dunkel ...

● Für uns sieht es aus, als würde die Sonne morgens aufgehen und abends untergehen. Jn Wirklichkeit ist es anders. Die Erde kreist nicht nur auf ihrer Umlaufbahn um die Sonne, sie dreht sich jeden Tag auch einmal um sich selbst.

• Das kannst du ausprobieren: Steck einen Holzspieß wie auf dem Bild durch einen Apfel oder eine Apfelsine. Mit Stecknadeln befestigst du ein grünes und ein rotes Gummibärchen auf dem Apfel. Dann verdunkelst du das Zimmer. Nur eine kleine Lampe darf brennen. Das ist deine Sonne. Jetzt drehst du den Apfel langsam vor der Lampe. Wenn sich das eine Gummibärchen im Hellen befindet, ist das andere im Dunkeln. So entstehen Tag und Nacht.

Happy birthday

Das grüne Gummibärchen heißt Puck und lebt in Hamburg.

Zipp, das rote Gummibärchen wohnt auf der anderen Seite der Weltkugel in Amerika, in der Stadt Los Angeles.

Zipp hat heute Geburtstag. Puck möchte ihm als Erster gratulieren. Schon vor dem Frühstück ruft er an.

Endlich meldet sich Zipp. Puck singt ein Geburtstagslied und ruft: „Happy birthday!“ Verschlafen knurrt Zipp: „Du bist der Erste, der mir gratuliert.“

● Warum ist der rote Zipp so müde? Weil es bei ihm in Los Angeles noch dunkle Nacht ist! Puck ist putzmunter, denn bei ihm ist es schon heller Tag.
• Das Licht am Tag und die Dunkelheit in der Nacht sind wichtig für uns. Wenn es hell ist, werden wir munter und können spielen, arbeiten und Sport machen. Die Dunkelheit lässt uns ruhiger und müde werden. Dann möchten wir schlafen. Unser Körper kann sich ausruhen und erholen.

● Wenn du am Tag schlafen willst, setzt du am besten eine Schlafbrille auf. Dann meinst du, es ist dunkle Nacht. Du kannst aus dickem, weichem Stoff eine Schlafbrille basteln, die deine Augen abdeckt. Mache vier Löcher an die Seiten und ziehe Bänder durch. Jetzt kannst du die Brille noch bekleben. Suche einen gemütlichen Platz, binde dir die Brille um und mache ein Nickerchen.

● Wie ist das bei den Tieren im Gedicht?

Was passiert hier in der Nacht?
Schau, wer schläft und wer wacht.

Jn der Hütte schnarcht Hund Jochen,
träumt von einem großen .
Eule Lu ist blitzewach,
landet auf dem Hütten .
Katze Mau liegt auf der Lauer,
Mäuse tanzen auf der .
Pit, der Fuchs, schleicht um den ,
will mal nach den Gänsen schau'n.
Die ganze Nacht ist hier was los.
Warum schläft der Wachhund bloß?

Winterschlaf

Hanna mag den Frühling und den Sommer am liebsten. Da ist es warm und die Blumen blühen, sie kann barfuß laufen und im Schwimmbad Schleckeis kaufen.
Wenn es nur immer so wäre! Seufzend schaut sie aus dem Fenster. Draußen sieht alles grau aus und der Wind heult ungemütlich um die Ecken.
Hanna bekommt eine Gänsehaut.
„Der Herbst ist doof“, schimpft sie.
Missmutig hockt sie sich vor den Fernseher und zappt durchs Programm.
Nichts gefällt ihr.
Doch was ist das? Als Hanna gerade ausschalten will, sieht sie einen Bären auf dem Bildschirm. Er macht es sich in seiner Höhle gemütlich.
„Jst der dick!“ Hanna kichert.
„Das kommt vom Winterspeck“, sagt ein Mann im Film. „Den braucht der Bär für den Winterschlaf.“
Einfach den Winter verschlafen und erst wieder aufwachen, wenn der Frühling anfängt? Hanna überlegt.
Das will sie auch. Sie schaltet aus und geht nachdenklich in ihr Zimmer.
„Der beste Platz für die Höhle ist unter dem Tisch“, beschließt sie. „Da müssen lauter gemütliche Sachen rein.“
Zuerst Mamas flauschiger Bettvorleger, dann Hannas Kopfkissen und ihre Schmusedecke.
Doch das ist zu wenig. Die Höhle ist noch nicht kuschelig genug.
Aus der ganzen Wohnung schleift Hanna Kissen und Decken an.

Und aus dem Bad mollig weiche Handtücher. Sie leert ihre Socken aus der Schublade und stopft damit die Lücken. Auf keinen Fall darf sie ihren grünen Stoffelefanten vergessen. Ohne den kann sie nicht einschlafen!
Gleich ist Hanna fertig. Sie holt nur noch die große Tischdecke aus dem Esszimmer. Mit Schwung wirft sie die über den Höhlentisch.

Oh je, alle Stifte sind auf den Boden gefallen. Aber Hanna kann jetzt nicht aufräumen.
Sie muss sich um ihren Winterspeck kümmern.
Jm Küchenschrank sind allerhand Leckereien: Schokolade, Kekse, Gummibärchen, Kartoffelchips, zwei Äpfel und eine Banane. Hanna nimmt alles mit. Sie will es der Reihe nach aufessen.
Doch schon bald ist sie ziemlich satt. Und vom Winterspeck ist noch keine Spur zu sehen. Widerwillig schiebt Hanna sich einen Keks und drei Stück Schokolade in den Mund.
Auf einmal wird ihr übel.
Da kommt die Mutter ins Zimmer. Sie schaut sich erstaunt um. „Wie sieht es denn hier aus! Du hast ja die ganze Wohnung auf den Kopf gestellt."
„Mir ist schlecht", jammert Hanna. „Das kommt von dem blöden Winterspeck."
„Jch versteh gar nichts", sagt die Mutter. Jetzt mal der Reihe nach. Was ist eigentlich passiert?"
Hanna zeigt auf die leeren Tüten und erzählt, was sie sich ausgedacht hat. „Jst den Tieren vor ihrem Winterschlaf auch so schlecht?", fragt sie.

„Nein, ich glaube nicht“, antwortet die Mutter. „Und die Winterschläfer veranstalten bestimmt auch nicht so ein Chaos.“ Sie schaut Hanna nachdenklich an. „Willst du wirklich den Winter verschlafen? Wer würde denn dann den Schneemann im Garten bauen und das Futter ins Vogelhäuschen streuen?“

Hanna überlegt. „Weihnachten würde ich auch verpassen – und das Silvesterfeuerwerk!“

„Allerdings“, sagt die Mutter und lächelt.

Hanna grinst.

Sie möchte im Winter doch lieber wach bleiben.

Eva Karnetzky

Sommer und Winter

Kuschelhöhle

● Hanna mag den Winter nicht, denn er ist ihr einfach zu kalt. Wie findest du den Winter? Welche Jahreszeit magst du am liebsten?

● Hanna will sich eine warme Höhle einrichten. Wie würde deine Höhle aussehen?

• Du kannst für dein Kuscheltier einen Winterschlafplatz bauen. Male einen Schuhkarton an. Rot, Orange, Braun sind Farben, die den Schlafplatz warm wirken lassen. Richte ihn mit Stoff- und Fellresten, kleinen Kissen und Lieblingsdingen ein.

• Wie würdest du einen Sommerschlafplatz für dein Kuscheltier einrichten? Wenn es draußen heiß und sonnig ist, braucht dein Tier einen schattigen, kühlen Platz. Die Farben Blau, Türkis, Grün wirken angenehm kühl und passen gut in den Sommer.

Jahreszeiten auf der Apfel-Erde

● Wieso gibt es den Winter und die anderen Jahreszeiten?

• Damit du dir das besser vorstellen kannst, nimmst du noch einmal deinen Apfelspieß. Zieh ein Gummiband über die Apfel-Erde, so dass es genau in der Mitte sitzt. Die obere Hälfte der Apfel-Erde ist jetzt die Nordhalbkugel mit dem Nordpol, die untere Hälfte ist die Südhalbkugel mit dem Südpol.

• Das Gummiband zeigt dir, wo Nordhalbkugel und Südhalbkugel aufeinandertreffen. Diese Linie rund um die Erde nennt man Äquator.

• Dein Spieß, der durch den Apfel-Nordpol und den Apfel-Südpol geht, stellt die Erdachse dar. Um diese Achse dreht sich die Erde.

• Probier aus, wie es auf dem Apfel Sommer und Winter wird. Knips eine Lampe an und halte den Apfelspieß leicht schräg vor das Licht. So steht die Erde zur Sonne. Der Astronom unten macht es dir vor.

• Während eines Jahres dreht sich die Erde auf ihrer Umlaufbahn einmal um die Sonne.
Jm Sommer bekommt die Nordhalbkugel mehr Sonnenschein ab.
Jm Winter hat die Südhalbkugel mehr Sonnenschein.
Am Äquator kommt das ganze Jahr viel Sonne an. Solche Jahreszeiten wie bei uns gibt es hier nicht.

Der Weg der Sonne

- Hanna lebt auf der Nordhalbkugel in Dresden. Jm Winter guckt die Sonne kaum über das Nachbarhaus. Sie steht auch mittags so tief am Himmel, dass sie nicht in Hannas Zimmer scheinen kann. Erst im Frühling blinzelt sie ein wenig zu ihr hinein.
Jm Sommer steht die Sonne mittags ganz hoch am Himmel. Dann ist es sogar bis abends in Hannas Zimmer hell.
Jm Herbst wird es wieder früher dunkel und die Sonne kann nur noch in Hannas Zimmer blinzeln. Wie im Frühling.

- Welche Jahreszeit ist bei dir gerade? Wie sehen die Bäume aus? Haben sie Blüten oder Blätter? Sind sie kahl und liegt Schnee auf den Dächern? Beobachte, in welches Fenster die Sonne zur Zeit scheint. Wo steht sie morgens? Wo mittags und wo abends? Male drei Bilder, klebe sie am Abend nebeneinander und vergleiche, wo die Sonne steht.

- Solche Bilder kannst du im Frühling, im Sommer, im Herbst und im Winter malen. Hänge deine Bilder auf. Dann siehst du, dass die Sonne im Winter tiefer steht und im Sommer höher.

Am Morgen:
Sonne
im Osten
Am Mittag:
Sonne
im Süden
Am Abend:
Sonne
im Westen

Nacht und Nebel

Hoch peitscht der Sturm die Wellen. Das Piratenschiff schwankt gefährlich. Kapitän Kaotikus und sein Steuermann Schluribur haben alle Hände voll zu tun. Wieder schlägt eine Welle über das Deck. Der Schiffskater ist völlig durchnässt, aber er hält durch. Der Papagei sitzt patschnass oben auf dem Ausguck. Nirgendwo ist Land in Sicht, nirgendwo ein sicherer Hafen.

Endlich lässt der Sturm nach. Langsam beruhigen sich die Wellen und auch die Piraten beruhigen sich.
Der Kapitän nimmt einen großen Schluck Rum aus seiner Flasche.
Dann kriechen alle in ihre Kojen und versuchen wieder warm und trocken zu werden. Morgen, wenn es hell ist, wird alles besser. Und auf der Pirateninsel können sie das Schiff wieder flott machen.
Doch am nächsten Morgen herrscht dichter Nebel.
„Wohin?“, fragt Steuermann Schluribur.
„Kurs Nordnordost“, antwortet der Kapitän.
„Aye aye, Käpt’n!“, sagt Schluribur.
Aber keiner von beiden sieht so aus, als wüsste er, wo Nordnordost ist.
„Warum benutzt der Käpt’n nicht den Kompass?“, fragt der Papagei den Kater leise.
„Der ist über Bord gegangen“, stöhnt der Kater.

„Wach auf!“, weckt er den Papagei. „Wir sind gerettet!“
„Gerettet?“, fragt der Papagei schlaftrunken.
„Die Sterne sind wieder da!“, ruft der Kater aufgeregt und klettert an Deck. Der Papagei folgt ihm, so schnell er kann.
Tatsächlich. Da sind all die Sternbilder.
„Dort ist der Große Bär!“, ruft der Papagei.
„Der Große Wagen“, verbessert der Kater, denn an Bären denkt er seit seinem Kampf im letzten Jahr gar nicht gern.
„Jst doch das Gleiche – Bär oder Wagen“, sagt der Papagei. „Hauptsache, wir haben ihn gefunden. Schau mal, die beiden hellen Sterne da.
Stell dir vor, zwischen denen ist eine Linie.
Jetzt denk dir die Linie fünfmal so lang, dann kommst du zu einem hellen Stern am Schwanz des Kleinen Bären!“
„Wagen, bitte“, sagt der Kater.

Jetzt haben die Chaospiraten sich tatsächlich verirrt. Langsam segeln sie durch den Nebel. Wo, verflixt, ist denn nun Norden?
Am Abend haben sie immer noch kein Land gesichtet.
„Zeit, schlafen zu gehen“, sagt Kapitän Kaotikus und verschwindet unter Deck. Steuermann Schluribur gähnt und folgt ihm. Auch der Kater und der Papagei legen sich schlafen.
Mitten in der Nacht schreckt der Kater auf. Was ist das? Jrgendwas ist anders. Er schielt aus dem Bullauge.
Der Nebel ist verschwunden und am Himmel glitzern tausende von Sternen.

Ja, da ist er – der Polarstern. Und jeder Seemann weiß, dass er direkt über dem Nordpol steht. Also ist dort, wo der Polarstern steht, Norden. Und wenn man nach Norden schaut, ist hinten Süden, links Westen und rechts Osten. Ganz einfach.
Während der Kater die Segel hisst, übernimmt der Papagei das Steuer. Sie segeln die ganze Nacht und der Polarstern zeigt ihnen den Weg.

Als die Sonne am Horizont aufgeht, erreichen sie die Pirateninsel. Gähnend kommt Kapitän Kaotikus an Bord.
„Wusste ich doch, dass wir schon fast da waren“, sagt er zu Schluribur. Der Kater rollt mit den Augen und der Papagei schüttelt grinsend sein Gefieder. Den Chaospiraten ist einfach nicht zu helfen!

Gitta Edelmann

Sternbilder

● Der Kater und der Papagei sind schlauer als Käpt'n Kaotikus und Steuermann Schluribur. Sie wissen, wie man auch ohne Kompass nach Norden fährt. Zuerst finden sie am Sternenhimmel den Großen Wagen, dann den Kleinen Wagen und am Ende der Deichsel den Polarstern. Erkennst du auf dem Himmelsbild in der Geschichte die Sternbilder vom Großen und Kleinen Wagen?

● Der Polarstern zeigt dem Kater und dem Papagei den Weg nach Norden. Er steht immer an der gleichen Stelle über dem Nordpol. Die anderen Sterne scheinen langsam um den Polarstern herumzuwandern.

• Findest du den Polarstern am Nachthimmel? Suche zuerst das Sternbild vom Großen Wagen. Dann machst du es wie der Kater und verlängerst die Heckseite des großen Wagens fünfmal, bis du auf den Polarstern triffst.

● Um sich am Himmel besser zurechtzufinden, haben sich die Menschen vor langer Zeit Sternbilder ausgedacht. Sie zeichneten Linien von Stern zu Stern und gaben diesen Bildern Namen. Weil sich die Erde um die Sonne dreht, sehen wir im Winter andere Sternbilder als im Sommer. Manche Sternbilder kann man aber auch immer sehen, zum Beispiel den Großen Wagen und den Kleinen Wagen mit dem Polarstern.

● Du kannst selbst Sternbilder erfinden: Nimm Papier und einen Stift, schließe die Augen und mach ganz viele Punkte auf dein Blatt. Nun verbindest du einige Punkte mit Strichen und gibst deinen „Sternbildern“ Namen – so wie die Himmelsbeobachter vor langer Zeit.

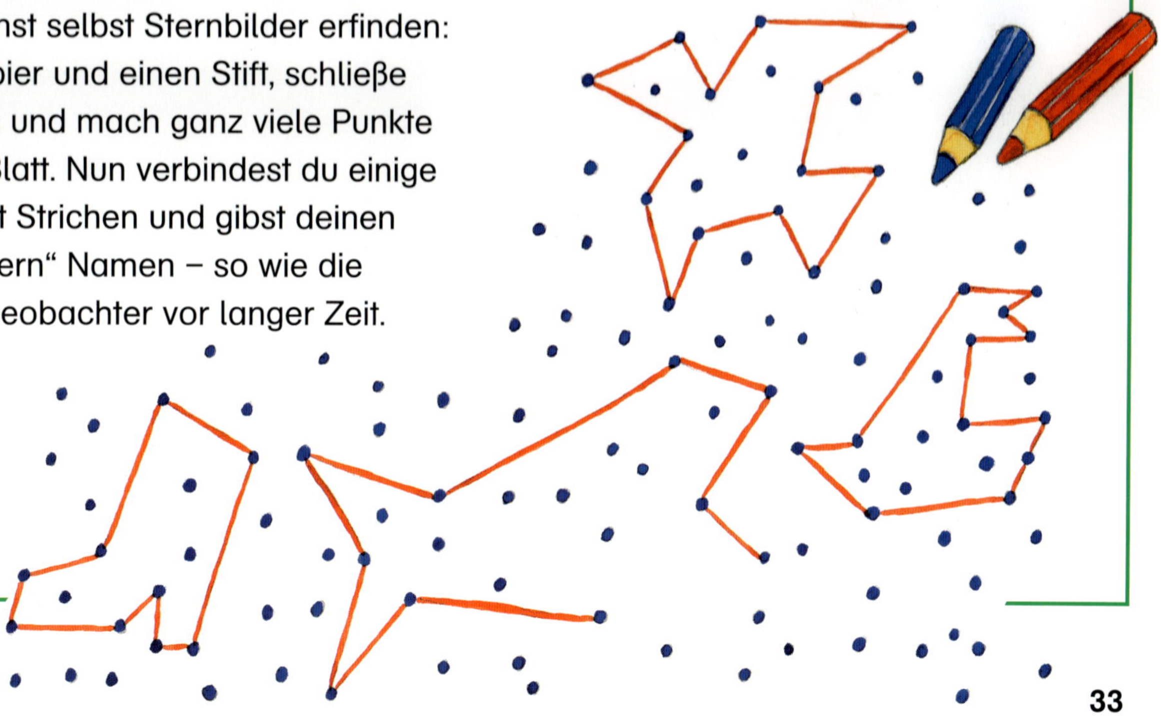

Sternschnuppen

● Am Nachthimmel können wir mit bloßem Auge etwa 4000 Sterne und manchmal einen merkwürdigen weißen Schleier erkennen.
Den nennen wir Milchstraße. Was aussieht wie Milch, ist das Licht von Millionen von Sternen, die zu unserem Sternensystem gehören.

Tipp:
Am 7. und 8. August und am 11., 12. und 20. November können wir besonders viele Sternschnuppen am Himmel beobachten.

● Manchmal sehen wir eine Sternschnuppe. Dann fällt ein winziges Teilchen aus Stein vom Weltraum zur Erde. Wenn es in die Lufthülle der Erde kommt, verglüht es und leuchtet kurz auf. Wenn du eine Sternschnuppe siehst, kannst du dir etwas wünschen. Vielleicht geht es in Erfüllung.

● Heute ist eine sternklare Nacht. Vielleicht kann man Sternschnuppen sehen. Robert, Jna, Pit und Julia beobachten den Himmel. Welches Kind sieht die rote Sternschnuppe?

Wer sieht die gelbe, wer die orangefarbene, wer die violette Sternschnuppe?
Was könnten sich die Kinder wünschen? Und was würdest du dir wünschen?

Was ist los mit dem Mond?

Leo darf heute so lange aufbleiben, bis der Mond am Himmel steht. Aber was ist das? Vor ein paar Tagen war der Mond noch dick und rund. Jetzt sieht er aus wie ein C.
Leo holt Papas Fernrohr. Das C will er sich genauer anschauen. Puh, gar nicht so einfach, mit dem Fernrohr die richtige Stelle zu finden. Aber schließlich sieht Leo die Mondsichel.
Da – hat sich da nicht eben was bewegt? Leo stellt das Fernrohr schärfer ein. Was ist denn das? Sieht aus wie ein kleines schwarzes Männchen. Es steht auf dem Mond, ist kugelrund und hat Antennen auf dem Kopf. Jn einer Hand hält es einen Eimer mit schwarzer Farbe, in der zweiten Hand einen großen Pinsel. Langsam streicht das Männchen mit dem Pinsel am Rand des Mondes entlang. Der Mond wird Stück für Stück ein bisschen kleiner.
Na so was!
Kurze Zeit später kommt ein weißes Männchen mit einem Eimer weißer Farbe. Die beiden streiten und fuchteln mit den Armen, dass ihre Antennen wackeln. Schließlich schüttelt das weiße Mondmännchen den Kopf und marschiert davon.
Leo setzt das Fernrohr ab.

Mondmännchen, die den Mond schwarz oder weiß anmalen? Das gibt's doch wohl nicht!
Leo schaut noch einmal durch das Fernrohr. Hell und klar steht die Mondsichel am Himmel.
Kein Männchen zu sehen. Seltsam. Doch auf jeden Fall weiß Leo jetzt, was er später mal werden will: Astronaut. Dann kann er selbst zum Mond fliegen und nachschauen, was da oben los ist!

Gitta Edelmann

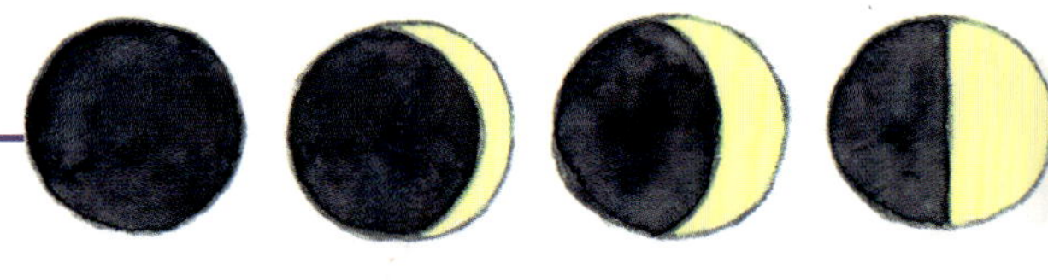

Der Mond: mal dick, mal dünn

Leo wundert sich. Der Mond sieht immer wieder anders aus. Mal kugelrund, dann wie eine schmale Sichel. Wie kommt das?

- Der Mond dreht sich um die Erde, er begleitet unsere Erde auf ihrer Bahn um die Sonne. Er leuchtet nicht selbst, sondern wird von der Sonne angestrahlt. Aber immer nur eine Seite bekommt Licht.

- Schau die Mondbilder ganz oben an: So sieht der Mond für uns Erdbewohner aus: links ist der Neumond, dann kommt der zunehmende Mond, in der Mitte der Vollmond, rechts daneben der abnehmende Mond.
- Am besten merkst du dir diese Eselsbrücke: Der **a**bnehmende Mond sieht aus wie der Bogen beim kleinen **a**. Die **d**icker werdende Sichel sieht aus wie der Bogen beim großen **D**.

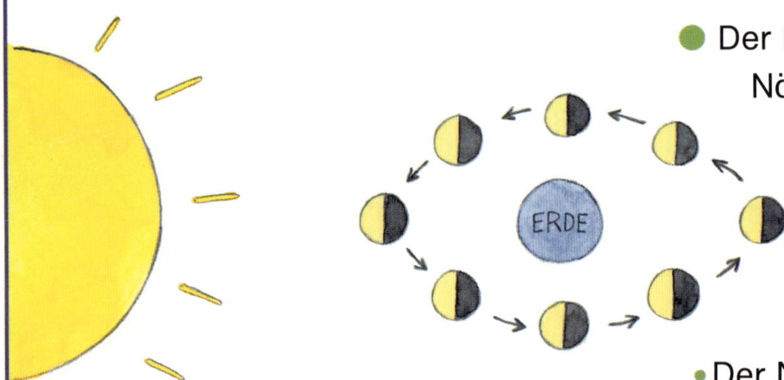

- Der Mond braucht etwa 28 Tage und Nächte, um die Erde zu umrunden.
- Eine Nacht lang ist der Mond nicht beleuchtet. Wir sehen ihn nicht. Jetzt ist Neumond. Der Mond beginnt, neu zuzunehmen.
- Der Mond nimmt zu, wir sehen am rechten Rand eine schmale Sichel. Sie wird von Nacht zu Nacht dicker.

• Nach 14 Nächten ist die ganze Mondseite von der Sonne beleuchtet. Eine Nacht lang ist Vollmond.
• Danach wird der Mond auf der rechten Seite langsam immer dunkler.
Es ist abnehmender Mond.
• Am 28. Tag ist wieder Neumond.

● Zu dritt könnt ihr Sonne, Mond und Erde spielen.

Der Sonnenspieler hält eine helle Taschenlampe, der Erdenspieler nimmt einen Ball und der Mondspieler eine Mandarine in die Hand. Stellt euch so auf wie die drei Astronomen.
Der Mondspieler lässt jetzt den Mond um die Erde wandern und ihr seht, wie Vollmond, Halbmond und Neumond entstehen.

Der Mond

Jm Weltall

● Leo will ins Weltall fliegen und den Mond erforschen. Möchtest du Astronaut werden und mitfliegen?

- Astronauten müssen schwindelfrei sein, denn die Anziehungskraft der Erde wirkt im All nicht mehr. Die Astronauten sind schwerelos und schweben. Sie wissen nicht mehr, wo oben und unten ist. Dabei kann einem ganz schön schlecht werden.
- Sie müssen sich in der kleinen, engen Raumkapsel wohl fühlen.
- Astronauten fliegen nie allein, sie müssen sich gut mit ihren Kollegen in der Raumkapsel vertragen.
- Sie forschen, machen Experimente, überprüfen die Raumkapsel ständig und reparieren sie selbst.
- Jn der Schwerelosigkeit werden Muskeln schnell dünn und schlaff. Deshalb machen die Astronauten in der Raumkapsel viel Sport.

TEST

- Geht es deinem Magen im Auto oder Flugzeug immer gut?
- Krabbelst du auf dem Spielplatz gerne durch Röhren?
- Steigst du schwindelfrei und gerne auf hohe Türme und guckst von oben runter?
- Findest du schnelle Karusselle gut?
- Bist du neugierig und lernst gerne?
- Macht es dir Spaß, zu basteln und zu experimentieren?
- Kann man sich auf dich verlassen?
- Spielst du gerne mit anderen zusammen? Seid ihr ein gutes Team?
- Machst du gerne Sport und bist du fit?

● Willst du wissen, ob du Astronaut werden kannst? Dann mach den Test: Hast du alle Fragen mit ja beantwortet? So hast du Chancen, später mal Astronaut zu werden. Vielleicht klappt es ja, denn es gibt noch viel zu erforschen!

● Mondforscher haben entdeckt, dass der Mond eine starke Anziehung auf die Meere der Erde ausübt. So entstehen Ebbe und Flut.

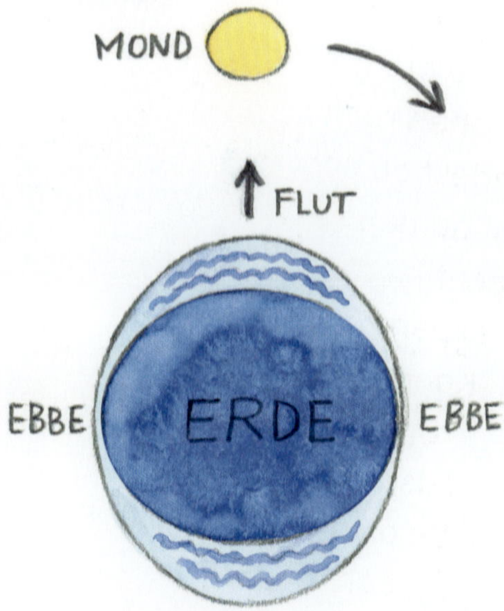

• So ungefähr funktioniert es: Der Mond umkreist die Erde und „zieht" dabei das Wasser in den Meeren hin und her. Probier es über einem Waschbecken aus.

Fülle eine Schüssel mit Wasser und bewege sie ein wenig hin und her. Das Wasser schwappt auf der einen Seite hoch. Hier entsteht ein Wasserberg: die Flut. Auf der anderen Seite fehlt dieses Wasser. Hier ist Ebbe.

Das Meer ist leer

Es war einmal vor langer Zeit,
da gab's kein Meer mehr weit und breit!
Es war verschwunden, einfach so,
und niemand fand es, nirgendwo.

Das Wasser hat sich über Nacht
klammheimlich aus dem Staub gemacht.
Nur Pfützen sah man noch am Strand
und einen großen Haufen Sand.

Die Pinguine riefen laut:
„Wer hat uns denn das Meer geklaut?"
Die Fische waren schwer betroffen
und fragten: „Wer hat's ausgesoffen?"

Der kleine Seehund ahnte was:
„Das Walross dort, das ist noch nass!
Und guckt, sein Bauch ist voll und rund,
es wiegt bestimmt fünfhundert Pfund!“

Das Walross aber, dick und schwer,
das brummte nur: „Jch trank’s nicht leer!
Es war der Storch, der kam geflogen
und hat den Stöpsel rausgezogen!“

„Ach, Quatsch, das ist doch gar nicht wahr!“,
beschwerte sich Storch Adebar.
„Ein Meer, das hat doch keinen Stöpsel,
es war der Hund, der kleine Möpsel!

Der kam des Nachts und trank und schlürfte,
er fragte gar nicht, ob er dürfte.
Jetzt muss er pinkeln ohne Ende
an Bäume, Sträucher und an Wände.“

Der Mond

„Jch trank das Meer nicht, Ehrenwort!“,
erklärte Möpsel und fuhr fort:
„Es war’n die Kühe von den Wiesen,
die brauchten es zum Blumengießen!“

Da muht ‘ne Kuh: „Das ist gelogen,
das Meer ist doch nur umgezogen.
Denn Max, der Maulwurf, grub ein Loch,
in das sich dann das Meer verkroch.“

„Das ist nicht wahr, das kann nicht sein“,
betonte Max, „ich bin zu klein!
Das Meer ist niemals ausgelaufen
in einen meiner Maulwurfshaufen!“

Da kam gehüpft ein kleiner Floh
und sagte leise: „Das war so:
Gestern – ich hab’s selbst gesehn,
da wollt die Sonne untergehn.

Und plötzlich plumpst sie von allein
mitten in das Meer hinein!
Die Wellen schwappten noch für Stunden –
und schließlich war das Meer verschwunden."

Die Krabben fingen an zu tuscheln.
„Ojemineh!", seufzten die Muscheln.
Doch dann kam Möwe Hans geflattert
und rief vor Freude ganz verdattert:

„Das Meer, das Meer, es kommt zurück,
was haben wir doch für ein Glück!
Die Wolken haben's wohl verdeckt,
dahinter war das Meer versteckt!"

Der Seestern lachte: „Oh wie schön,
da werd ich gleich mal baden gehn!"
Und dann war alles wieder gut,
denn nach der Ebbe kam die Flut.

Ludwig Lehner

SPiELEN & LERNEN

Jn der „SPiELEN & LERNEN"-Förderreihe
sind bereits folgende Titel erschienen:

So bin ich – Einmalig, selbstbewusst und stark
JSBN 978-3-86613-244-3

Wohin läuft die Zeit? – Jahr und Monat, Tag und Stunde
JSBN 978-3-89858-245-2

Du und ich – Sich verstehen, sich vertragen
JSBN 978-3-89858-246-9

Wie viel ist viel? Zählen, wiegen, messen
JSBN 978-3-89858-247-6

Fremde Länder, gute Freunde
JSBN 978-3-89858-273-5

Was mein Körper alles kann
JSBN 978-3-89858-272-8

Wer ist wie? – So sind Mädchen – so sind Jungen
JSBN 978-3-89858-284-1

Mächtig mutig! Das Angst-weg-Buch
JSBN 978-3-89858-285-8

Mir gehts gut! Mein Gesund-und-munter-Buch
JSBN 978-3-86613-298-6

Hast du Worte? – Spielend leicht sprechen und erzählen
JSBN 978-3-86613-299-3

Jst pupsen peinlich? Das kinderleichte Benimm-Buch
JSBN 978-3-86613-510-9

Voll dabei! – Konzentration spielend leicht
JSBN 978-3-86613-511-6